Maker Name: _______________________________

3D PRINTING REPORT BOOK

3djacent Solutions

ISBN: 978-1-7947-2652-9

You have your future in your hands

Think on it, design it, make it.

Your 3D printing lifestyle resides

within these pages in your ideas and projects.

Exceed your expectations

as the 3D printing horizon expands.

Let's get started...

INDEX

Project No.	Model/file name	Page No.

INDEX

Project No.	Model/file name	Page No.

Print Prep

Model /file name: _________________________________

Date: _______________

Printer:
Brand: _________________________   Printer: _________________________

Filament:
Brand: _____________   Material: _____________   Colour:___________

Nozzle temp:___________   **Bed temp:**_____________

Layer Height: ___________   **Shell thickness:**___________

Raft: Y/N ___________   **Supports: Y/N** _________   **Infill %**_________

Speed:
Print:_____________   **Travel:**_____________   **Infill**:___________

Print time:_____________   **Filament amount used:**__________ g/Kg

Prep Notes

____
____
____
____
____
____
____
____
____
____
____

Print Report and Creativity Space

Print Prep

Model /file name: ____

Date: ________________

Printer:
Brand: _____________________   Printer: _____________________

Filament:
Brand: ______________   Material: ______________   Colour:___________

Nozzle temp:____________   **Bed temp**:_____________

Layer Height: ___________   **Shell thickness**:___________

Raft: Y/N __________   **Supports: Y/N** _________   **Infill %**_________

Speed:
Print:____________   **Travel:**______________   **Infill:**__________

Print time:_____________   **Filament amount used:**__________ g/Kg

Prep Notes

____

____

____

____

____

____

____

____

____

____

____

____

Print Report and Creativity Space

Print Prep

Model /file name: _______________________________________

Date: ______________

Printer:
Brand: _____________________   Printer: _____________________

Filament:
Brand: _____________   Material: _____________   Colour:___________

Nozzle temp:____________   **Bed temp:**____________

Layer Height: ___________   **Shell thickness:**____________

Raft: Y/N ___________   **Supports: Y/N** __________   **Infill %**_________

Speed:
Print:_____________   **Travel:**_______________   **Infill:**___________

Print time:_____________   **Filament amount used:**__________ g/Kg

Prep Notes

____
____
____
____
____
____
____
____
____
____
____
____

Print Report and Creativity Space

Print Prep

Model /file name: _______________________________________

Date: _______________

Printer:
Brand: _____________________   Printer: _____________________

Filament:
Brand: ____________   Material: ____________   Colour:__________

Nozzle temp:__________   **Bed temp:**___________

Layer Height: __________   **Shell thickness:**__________

Raft: Y/N __________   **Supports: Y/N** _________   **Infill %**_________

Speed:
Print:_____________   **Travel:**_____________   **Infill:**_________

Print time:_____________   **Filament amount used:**__________ g/Kg

Prep Notes

____
____
____
____
____
____
____
____
____
____
____

Print Report and Creativity Space

Print Prep

Model /file name: _______________________________________

Date: _______________

Printer:
Brand: _____________________   Printer: _____________________

Filament:
Brand: _____________   Material: _____________   Colour:___________

Nozzle temp:___________   **Bed temp:**___________

Layer Height: ___________   **Shell thickness:**___________

Raft: Y/N ___________   **Supports: Y/N** ___________   **Infill %**_________

Speed:
Print:_____________   **Travel:**_____________   **Infill:**__________

Print time:_____________   **Filament amount used:**__________ g/Kg

Prep Notes

____
____
____
____
____
____
____
____
____
____
____
____

Print Report and Creativity Space

Print Prep

Model /file name: ___________________________________

Date: ______________

Printer:
Brand: ____________________   Printer: ___________________

Filament:
Brand: ____________   Material: ____________   Colour:__________

Nozzle temp:__________   **Bed temp:**___________

Layer Height: __________   **Shell thickness:**__________

Raft: Y/N __________   **Supports: Y/N** _________   **Infill %**________

Speed:
Print:____________   **Travel:**____________   **Infill:**_________

Print time:___________   **Filament amount used:**_________ g/Kg

Prep Notes

____
____
____
____
____
____
____
____
____
____
____
____

Print Report and Creativity Space

Print Prep

Model /file name: _______________________________________

Date: _______________

Printer:
Brand: ____________________   Printer: ____________________

Filament:
Brand: _____________   Material: _____________   Colour:___________

Nozzle temp:___________   **Bed temp:**____________

Layer Height: ___________   **Shell thickness:**___________

Raft: Y/N ___________   **Supports: Y/N** _________   **Infill %**________

Speed:
Print:_____________   **Travel:**_____________   **Infill:**__________

Print time:____________   **Filament amount used:**__________ g/Kg

Prep Notes

____

____

____

____

____

____

____

____

____

____

____

____

Print Report and Creativity Space

Print Prep

Model /file name: ____

Date: _______________

Printer:
Brand: ___________________   Printer: __________________

Filament:
Brand: _____________   Material: ____________   Colour:__________

Nozzle temp:__________   **Bed temp:**___________

Layer Height: __________   **Shell thickness:**__________

Raft: Y/N __________   **Supports: Y/N** _________   **Infill %**________

Speed:
Print:_____________   **Travel:**_____________   **Infill:**_________

Print time:_____________   **Filament amount used:**_________ g/Kg

Prep Notes

____

____

____

____

____

____

____

____

____

____

____

____

Print Report and Creativity Space

Print Prep

Model /file name: ____

Date: _______________

Printer:
Brand: _____________________   Printer: _____________________

Filament:
Brand: _____________   Material: _____________   Colour:___________

Nozzle temp:___________   **Bed temp:**___________

Layer Height: ___________   **Shell thickness:**___________

Raft: Y/N ___________   **Supports: Y/N** __________   **Infill %**_________

Speed:
Print:______________   **Travel:**______________   **Infill:**__________

Print time:______________   **Filament amount used:**__________ g/Kg

Prep Notes

____

____

____

____

____

____

____

____

____

____

____

____

Print Report and Creativity Space

Print Prep

Model /file name: ____

Date: _______________

Printer:
Brand: _____________________   Printer: _____________________

Filament:
Brand: _____________   Material: _____________   Colour:___________

Nozzle temp:___________   **Bed temp:**_____________

Layer Height: ___________   **Shell thickness:**___________

Raft: Y/N ___________   **Supports: Y/N** __________   **Infill %**________

Speed:
Print:_______________   **Travel:**_______________   **Infill:**___________

Print time:_______________   **Filament amount used:**__________ g/Kg

Prep Notes

____

____

____

____

____

____

____

____

____

____

____

Print Report and Creativity Space

Print Prep

Model /file name: ____

Date: ________________

Printer:
Brand: _____________________________   Printer: _____________________________

Filament:
Brand: _______________   Material: _______________   Colour:_____________

Nozzle temp:_______________   **Bed temp:**_______________

Layer Height: _____________   **Shell thickness:**_______________

Raft: Y/N _____________   **Supports: Y/N** _____________   **Infill %**_________

Speed:
Print:_______________   **Travel:**_______________   **Infill:**___________

Print time:_______________   **Filament amount used:**___________ g/Kg

Prep Notes

____

____

____

____

____

____

____

____

____

____

____

Print Report and Creativity Space

Print Prep

Model /file name: ____

Date: _______________

Printer:
Brand: ___________________________   Printer: _____________________________

Filament:
Brand: _______________   Material: _______________   Colour:_______________

Nozzle temp:___________   **Bed temp:**_______________

Layer Height: ___________   **Shell thickness:**______________

Raft: Y/N ___________   **Supports: Y/N** ___________   **Infill %**_________

Speed:
Print:______________   **Travel:**______________   **Infill:**___________

Print time:______________   **Filament amount used:**___________ g/Kg

Prep Notes

____

____

____

____

____

____

____

____

____

____

Print Report and Creativity Space

Print Prep

Model /file name: ___________________________________

Date: ______________

Printer:
Brand: ____________________   Printer: ____________________

Filament:
Brand: ______________   Material: ______________   Colour:____________

Nozzle temp:____________   **Bed temp:**____________

Layer Height: ____________   **Shell thickness:**____________

Raft: Y/N ____________   **Supports: Y/N** ____________   **Infill %**____________

Speed:
Print:____________   **Travel:**____________   **Infill:**____________

Print time:____________   **Filament amount used:**____________ g/Kg

Prep Notes

____
____
____
____
____
____
____
____
____
____
____

Print Report and Creativity Space

Print Prep

Model /file name: ___________________________________

Date: _______________

Printer:
Brand: _____________________   Printer: _____________________

Filament:
Brand: _____________   Material: _____________   Colour:___________

Nozzle temp:____________   **Bed temp:**____________

Layer Height: ____________   **Shell thickness:**____________

Raft: Y/N ___________   **Supports: Y/N** __________   **Infill %**________

Speed:
Print:______________   **Travel:**______________   **Infill:**__________

Print time:______________   **Filament amount used:**__________ g/Kg

Prep Notes

____
____
____
____
____
____
____
____
____
____
____
____

Print Report and Creativity Space

Print Prep

Model /file name: _________________________________

Date: _______________

Printer:
Brand: ____________________ Printer: ____________________

Filament:
Brand: _____________ Material: _____________ Colour:___________

Nozzle temp:___________ **Bed temp:**___________

Layer Height: ___________ **Shell thickness:**___________

Raft: Y/N ___________ **Supports: Y/N** _________ **Infill %**________

Speed:
Print:_____________ **Travel:**______________ **Infill**:__________

Print time:_____________ **Filament amount used:**__________ g/Kg

Prep Notes

____

____

____

____

____

____

____

____

____

____

____

Print Report and Creativity Space

Print Prep

Model /file name: _______________________________________

Date: _______________

Printer:
Brand: _____________________   Printer: ___________________

Filament:
Brand: _____________   Material: _____________   Colour:__________

Nozzle temp:__________   **Bed temp:**___________

Layer Height: __________   **Shell thickness:**__________

Raft: Y/N __________   **Supports: Y/N** __________   **Infill %**________

Speed:
Print:____________   **Travel:**_______________   **Infill:**_________

Print time:_____________   **Filament amount used:**_________ g/Kg

Prep Notes

____

____

____

____

____

____

____

____

____

____

____

____

Print Report and Creativity Space

Print Prep

Model /file name: _______________________________________

Date: _______________

Printer:
Brand: ___________________________   Printer: ______________________________

Filament:
Brand: ________________   Material: ______________   Colour: ____________

Nozzle temp: ______________   **Bed temp:** _______________

Layer Height: ______________   **Shell thickness:** _____________

Raft: Y/N ____________   **Supports: Y/N** ____________   **Infill %** ___________

Speed:
Print: _______________   **Travel:** _______________   **Infill:** ____________

Print time: _______________   **Filament amount used:** ____________ g/Kg

Prep Notes

____

____

____

____

____

____

____

____

____

____

____

____

Print Report and Creativity Space

Print Prep

Model /file name: _______________________________________

Date: _______________

Printer:
Brand: ____________________ Printer: ____________________

Filament:
Brand: _____________ Material: _____________ Colour:___________

Nozzle temp:___________ **Bed temp:**____________

Layer Height: __________ **Shell thickness:**___________

Raft: Y/N __________ **Supports: Y/N** _________ **Infill %**________

Speed:
Print:_____________ **Travel:**_______________ **Infill:**__________

Print time:_____________ **Filament amount used:**__________ g/Kg

Prep Notes

____
____
____
____
____
____
____
____
____
____
____

Print Report and Creativity Space

Print Prep

Model /file name: _______________________________________

Date: _______________

Printer:
Brand: ___________________________   Printer: ___________________________

Filament:
Brand: _______________   Material: _______________   Colour:_____________

Nozzle temp:_____________   **Bed temp:**_______________

Layer Height: ____________   **Shell thickness:**_____________

Raft: Y/N ____________   **Supports: Y/N** ___________   **Infill %**__________

Speed:
Print:______________   **Travel:**_________________   **Infill**:___________

Print time:______________   **Filament amount used:**___________ g/Kg

Prep Notes

____

____

____

____

____

____

____

____

____

____

____

Print Report and Creativity Space

Print Prep

Model /file name: _______________________________________

Date: _______________

Printer:
Brand: __________________   Printer: __________________

Filament:
Brand: ____________   Material: ____________   Colour:__________

Nozzle temp:__________   **Bed temp:**__________

Layer Height: __________   **Shell thickness:**__________

Raft: Y/N __________   **Supports: Y/N** __________   **Infill %**__________

Speed:
Print:____________   **Travel:**____________   **Infill**:__________

Print time:____________   **Filament amount used:**__________ g/Kg

Prep Notes

____
____
____
____
____
____
____
____
____
____
____

Print Report and Creativity Space

Print Prep

Model /file name: _______________________________________

Date: _______________

Printer:
Brand: _____________________   Printer: _____________________

Filament:
Brand: _____________   Material: _____________   Colour:___________

Nozzle temp:___________   **Bed temp:**___________

Layer Height: ___________   **Shell thickness:**___________

Raft: Y/N ___________   **Supports: Y/N** ___________   **Infill %**_________

Speed:
Print:______________   **Travel:**______________   **Infill:**__________

Print time:______________   **Filament amount used:**__________ g/Kg

Prep Notes

____

____

____

____

____

____

____

____

____

____

____

Print Report and Creativity Space

Print Prep

Model /file name: ____

Date: ________________

Printer:
Brand: _____________________   Printer: _____________________

Filament:
Brand: ____________   Material: ____________   Colour:__________

Nozzle temp:__________   **Bed temp:**___________

Layer Height: __________   **Shell thickness:**__________

Raft: Y/N __________   **Supports: Y/N** ________   **Infill %**________

Speed:
Print:____________   **Travel:**___________   **Infill:**__________

Print time:____________   **Filament amount used:**__________ g/Kg

Prep Notes

____

____

____

____

____

____

____

____

____

____

Print Report and Creativity Space

Print Prep

Model /file name: ___________________________________

Date: ______________

Printer:
Brand: ____________________ Printer: ____________________

Filament:
Brand: _____________ Material: _____________ Colour:__________

Nozzle temp:__________ **Bed temp:**____________

Layer Height: __________ **Shell thickness:**__________

Raft: Y/N __________ **Supports: Y/N** _________ **Infill %**________

Speed:
Print:____________ **Travel:**____________ **Infill:**_________

Print time:____________ **Filament amount used:**__________ g/Kg

Prep Notes

____
____
____
____
____
____
____
____
____
____
____
____

Print Report and Creativity Space

Print Prep

Model /file name: ______________________________________

Date: ________________

Printer:
Brand: ______________________   Printer: ______________________

Filament:
Brand: ______________   Material: ______________   Colour: ______________

Nozzle temp: ______________   **Bed temp:** ______________

Layer Height: ______________   **Shell thickness:** ______________

Raft: Y/N ______________   **Supports: Y/N** ______________   **Infill %** ______________

Speed:
Print: ______________   **Travel:** ______________   **Infill:** ______________

Print time: ______________   **Filament amount used:** ______________ g/Kg

Prep Notes

____
____
____
____
____
____
____
____
____
____
____
____

Print Report and Creativity Space

Print Prep

Model /file name: ______________________________________

Date: ______________

Printer:
Brand: ____________________   Printer: ____________________

Filament:
Brand: ______________   Material: ______________   Colour: ____________

Nozzle temp: ____________   **Bed temp:** ____________

Layer Height: ____________   **Shell thickness:** ____________

Raft: Y/N ____________   **Supports: Y/N** ____________   **Infill %** ____________

Speed:
Print: ______________   **Travel:** ______________   **Infill:** ____________

Print time: ______________   **Filament amount used:** ____________ g/Kg

Prep Notes

____

____

____

____

____

____

____

____

____

____

____

____

Print Report and Creativity Space

Print Prep

Model /file name: _______________________________________

Date: ________________

Printer:
Brand: ____________________   Printer: ____________________

Filament:
Brand: ______________   Material: ______________   Colour:__________

Nozzle temp:____________   **Bed temp**:____________

Layer Height: ___________   **Shell thickness:**___________

Raft: Y/N __________   **Supports: Y/N** __________   **Infill %**_________

Speed:
Print:____________   **Travel:**____________   **Infill:**__________

Print time:____________   **Filament amount used:**__________ g/Kg

Prep Notes

____

____

____

____

____

____

____

____

____

____

____

____

Print Report and Creativity Space

Print Prep

Model /file name: ______________________________________

Date: ________________

Printer:
Brand: ____________________   Printer: ____________________

Filament:
Brand: ______________   Material: ______________   Colour:____________

Nozzle temp:____________   **Bed temp:**______________

Layer Height: ____________   **Shell thickness:**____________

Raft: Y/N ____________   **Supports: Y/N** __________   **Infill %**__________

Speed:
Print:______________   **Travel:**______________   **Infill:**____________

Print time:______________   **Filament amount used:**____________ g/Kg

Prep Notes

____

____

____

____

____

____

____

____

____

____

____

____

Print Report and Creativity Space

Print Prep

Model /file name: ____

Date: ______________

Printer:
Brand: ____________________   Printer: __________________________

Filament:
Brand: ______________   Material: ______________   Colour:___________

Nozzle temp:___________   **Bed temp:**___________

Layer Height: ___________   **Shell thickness:**___________

Raft: Y/N ___________   **Supports: Y/N** _________   **Infill %**_________

Speed:
Print:______________   **Travel:**______________   **Infill:**___________

Print time:______________   **Filament amount used:**___________ g/Kg

Prep Notes

____

____

____

____

____

____

____

____

____

____

____

Print Report and Creativity Space

Print Prep

Model /file name: ____

Date: _______________

Printer:
Brand: _____________________________   Printer: _____________________________

Filament:
Brand: _______________   Material: _______________   Colour:_____________

Nozzle temp:_____________   **Bed temp:**_____________

Layer Height: _____________   **Shell thickness:**_____________

Raft: Y/N _____________   **Supports: Y/N** _____________   **Infill %**_________

Speed:
Print:_______________   **Travel:**_______________   **Infill:**___________

Print time:_______________   **Filament amount used:**___________ g/Kg

Prep Notes

____
____
____
____
____
____
____
____
____
____
____
____

Print Report and Creativity Space

Print Prep

Model /file name: _______________________________

Date: _______________

Printer:
Brand: _______________________ Printer: _______________________

Filament:
Brand: _______________ Material: _______________ Colour:_______________

Nozzle temp:_______________ **Bed temp:**_______________

Layer Height: _______________ **Shell thickness:**_______________

Raft: Y/N _______________ **Supports: Y/N** _______________ **Infill %**_______________

Speed:
Print:_______________ Travel:_______________ Infill:_______________

Print time:_______________ **Filament amount used:**_______________ g/Kg

Prep Notes

____

____

____

____

____

____

____

____

____

____

____

Print Report and Creativity Space

Print Prep

Model /file name: _______________________________________

Date: _______________

Printer:
Brand: ___________________   Printer: ___________________

Filament:
Brand: ____________   Material: ____________   Colour:___________

Nozzle temp:___________   **Bed temp:**____________

Layer Height: ___________   **Shell thickness:**___________

Raft: Y/N ___________   **Supports: Y/N** __________   **Infill %**________

Speed:
Print:____________   **Travel:**____________   **Infill:**_________

Print time:____________   **Filament amount used:**_________ g/Kg

Prep Notes

____

____

____

____

____

____

____

____

____

____

____

Print Report and Creativity Space

Print Prep

Model /file name: ____

Date: _______________

Printer:
Brand: ____________________   Printer: ____________________

Filament:
Brand: _____________   Material: _____________   Colour:__________

Nozzle temp:___________   **Bed temp:**___________

Layer Height: __________   **Shell thickness:**___________

Raft: Y/N __________   **Supports: Y/N** _________   **Infill %**________

Speed:
Print:____________   **Travel:**_____________   **Infill:**__________

Print time:_____________   **Filament amount used:**__________ g/Kg

Prep Notes

____
____
____
____
____
____
____
____
____
____
____
____

Print Report and Creativity Space

Print Prep

Model /file name: ________________________________

Date: ______________

Printer:
Brand: ____________________   Printer: ____________________

Filament:
Brand: ______________   Material: ______________   Colour:____________

Nozzle temp:____________   **Bed temp:**____________

Layer Height: ____________   **Shell thickness:**____________

Raft: Y/N ____________   **Supports: Y/N** ____________   **Infill %**____________

Speed:
Print:________________   **Travel:**________________   **Infill:**____________

Print time:________________   **Filament amount used:**____________ g/Kg

Prep Notes

____
____
____
____
____
____
____
____
____
____
____

Print Report and Creativity Space

Print Prep

Model /file name: _______________________________________

Date: _______________

Printer:
Brand: ____________________   Printer: ____________________

Filament:
Brand: ______________   Material: ______________   Colour:____________

Nozzle temp:____________   **Bed temp:**____________

Layer Height: __________   **Shell thickness:**__________

Raft: Y/N __________   **Supports: Y/N** __________   **Infill %**________

Speed:
Print:____________   **Travel:**____________   **Infill:**__________

Print time:____________   **Filament amount used:**__________ g/Kg

Prep Notes

____

____

____

____

____

____

____

____

____

____

____

Print Report and Creativity Space

Print Prep

Model /file name: _______________________________________

Date: _______________

Printer:
Brand: ___________________________   Printer: _______________________________

Filament:
Brand: _______________   Material: _______________   Colour:_______________

Nozzle temp:_______________   **Bed temp:**_______________

Layer Height: _______________   **Shell thickness:**_______________

Raft: Y/N _______________   **Supports: Y/N** _______________   **Infill %**_______________

Speed:
Print:_______________   **Travel:**_______________   **Infill:**_______________

Print time:_______________   **Filament amount used:**_______________ g/Kg

Prep Notes

____

____

____

____

____

____

____

____

____

____

____

____

Print Report and Creativity Space

Print Prep

Model /file name: ____

Date: _______________

Printer:
Brand: ____________________   Printer: ____________________

Filament:
Brand: _____________   Material: _____________   Colour:___________

Nozzle temp:___________   **Bed temp:**___________

Layer Height: ___________   **Shell thickness:**___________

Raft: Y/N ___________   **Supports: Y/N** _________   **Infill %**_________

Speed:
Print:____________   **Travel:**____________   **Infill:**_________

Print time:____________   **Filament amount used:**__________ g/Kg

Prep Notes

____

____

____

____

____

____

____

____

____

____

____

Print Report and Creativity Space

Print Prep

Model /file name: _______________________________________

Date: _______________

Printer:
Brand: ____________________   Printer: ____________________

Filament:
Brand: ______________   Material: _____________   Colour:___________

Nozzle temp:___________   **Bed temp:**___________

Layer Height: __________   **Shell thickness:**___________

Raft: Y/N __________   **Supports: Y/N** __________   **Infill %**________

Speed:
Print:_____________   **Travel:**_____________   **Infill:**__________

Print time:_____________   **Filament amount used:**__________ g/Kg

Prep Notes

____
____
____
____
____
____
____
____
____
____

Print Report and Creativity Space

Print Prep

Model /file name: _______________________________

Date: _______________

Printer:
Brand: _______________________   Printer: _______________________

Filament:
Brand: _______________   Material: _______________   Colour:_______________

Nozzle temp:_______________   **Bed temp:**_______________

Layer Height: _______________   **Shell thickness:**_______________

Raft: Y/N _______________   **Supports: Y/N** _______________   **Infill %**_______________

Speed:
Print:_______________   **Travel:**_______________   **Infill:**_______________

Print time:_______________   **Filament amount used:**_______________ g/Kg

Prep Notes

____

____

____

____

____

____

____

____

____

____

____

Print Report and Creativity Space

Print Prep

Model /file name: _______________________________________

Date: _______________

Printer:
Brand: _____________________   Printer: _____________________

Filament:
Brand: _____________   Material: _____________   Colour:____________

Nozzle temp:____________   **Bed temp:**_____________

Layer Height: ____________   **Shell thickness:**____________

Raft: Y/N ____________   **Supports: Y/N** __________   **Infill %**________

Speed:
Print:______________   **Travel:**______________   **Infill:**__________

Print time:______________   **Filament amount used:**__________ g/Kg

Prep Notes

____

____

____

____

____

____

____

____

____

____

____

____

Print Report and Creativity Space

Print Prep

Model /file name: ____

Date: _______________

Printer:
Brand: ____________________   Printer: ____________________

Filament:
Brand: _____________   Material: _____________   Colour:__________

Nozzle temp:___________   **Bed temp**:___________

Layer Height: __________   **Shell thickness:**__________

Raft: Y/N __________   **Supports: Y/N** _________   **Infill %**________

Speed:
Print:_____________   **Travel:**_____________   **Infill:**__________

Print time:____________   **Filament amount used:**_________ g/Kg

Prep Notes

____
____
____
____
____
____
____
____
____
____
____
____

Print Report and Creativity Space

Print Prep

Model /file name: _______________________________________

Date: _______________

Printer:
Brand: ___________________   Printer: ___________________

Filament:
Brand: ____________   Material: ____________   Colour:__________

Nozzle temp:___________   **Bed temp:**___________

Layer Height: __________   **Shell thickness:**__________

Raft: Y/N __________   **Supports: Y/N** _________   **Infill %**________

Speed:
Print:_____________   **Travel:**_____________   **Infill:**_________

Print time:____________   **Filament amount used:**_________ g/Kg

Prep Notes

____

____

____

____

____

____

____

____

____

____

____

____

Print Report and Creativity Space

Print Prep

Model /file name: ____

Date: ________________

Printer:
Brand: ____________________   Printer: ____________________

Filament:
Brand: ______________   Material: ______________   Colour: ____________

Nozzle temp: ____________   **Bed temp:** ____________

Layer Height: ____________   **Shell thickness:** ____________

Raft: Y/N ____________   **Supports: Y/N** ____________   **Infill %** ________

Speed:
Print: ____________   **Travel:** ____________   **Infill:** ____________

Print time: ____________   **Filament amount used:** ____________ g/Kg

Prep Notes

____

____

____

____

____

____

____

____

____

____

____

Print Report and Creativity Space

Print Prep

Model /file name: ____

Date: ________________

Printer:
Brand: ____________________   Printer: _____________________

Filament:
Brand: ______________   Material: _____________   Colour:___________

Nozzle temp:____________   **Bed temp:**____________

Layer Height: ___________   **Shell thickness:**____________

Raft: Y/N ___________   **Supports: Y/N** __________   **Infill %**________

Speed:
Print:______________   **Travel:**_______________   **Infill:**___________

Print time:______________   **Filament amount used:**__________ g/Kg

Prep Notes

____

____

____

____

____

____

____

____

____

____

____

Print Report and Creativity Space

Print Prep

Model /file name: _______________________________________

Date: _______________

Printer:
Brand: _____________________   Printer: ______________________

Filament:
Brand: ____________   Material: ____________   Colour:___________

Nozzle temp:___________   **Bed temp:**____________

Layer Height: ___________   **Shell thickness:**___________

Raft: Y/N __________   **Supports: Y/N** _________   **Infill %**________

Speed:
Print:______________   **Travel:**______________   **Infill:**__________

Print time:______________   **Filament amount used:**__________ g/Kg

Prep Notes

____
____
____
____
____
____
____
____
____
____
____
____

Print Report and Creativity Space

Print Prep

Model /file name: ____

Date: _______________

Printer:
Brand: _____________________   Printer: _____________________

Filament:
Brand: ______________   Material: ____________   Colour:___________

Nozzle temp:___________   **Bed temp:**____________

Layer Height: ___________   **Shell thickness:**___________

Raft: Y/N ___________   **Supports: Y/N** _________   **Infill %**_________

Speed:
Print:______________   Travel:______________   Infill:__________

Print time:______________   **Filament amount used:**___________ g/Kg

Prep Notes

____
____
____
____
____
____
____
____
____
____
____
____

Print Report and Creativity Space

Print Prep

Model /file name: ____

Date: ______________

Printer:
Brand: ___________________   Printer: ___________________

Filament:
Brand: ____________   Material: _____________   Colour:__________

Nozzle temp:___________   **Bed temp:**___________

Layer Height: __________   **Shell thickness:**___________

Raft: Y/N __________   **Supports: Y/N** _________   **Infill %**________

Speed:
Print:_____________   **Travel:**_____________   **Infill:**__________

Print time:_____________   **Filament amount used:**_________ g/Kg

Prep Notes

____

____

____

____

____

____

____

____

____

____

____

Print Report and Creativity Space

Print Prep

Model /file name: _______________________________________

Date: _______________

Printer:
Brand: _____________________   Printer: _____________________

Filament:
Brand: _____________   Material: _____________   Colour:___________

Nozzle temp:___________   **Bed temp:**___________

Layer Height: ___________   **Shell thickness:**___________

Raft: Y/N ___________   **Supports: Y/N** __________   **Infill %**________

Speed:
Print:______________   **Travel:**______________   **Infill:**__________

Print time:______________   **Filament amount used:**__________ g/Kg

Prep Notes

____

____

____

____

____

____

____

____

____

____

____

____

Print Report and Creativity Space

Print Prep

Model /file name: ____

Date: _______________

Printer:
Brand: _____________________   Printer: _______________________

Filament:
Brand: _____________   Material: _____________   Colour:____________

Nozzle temp:____________   **Bed temp:**____________

Layer Height: ___________   **Shell thickness:**____________

Raft: Y/N ___________   **Supports: Y/N** __________   **Infill %**_________

Speed:
Print:______________   **Travel:**________________   **Infill:**___________

Print time:______________   **Filament amount used:**__________ g/Kg

Prep Notes

____

____

____

____

____

____

____

____

____

____

Print Report and Creativity Space

Print Prep

Model /file name: ____

Date: ________________

Printer:
Brand: ____________________   Printer: ____________________

Filament:
Brand: ______________   Material: ______________   Colour:____________

Nozzle temp:____________   **Bed temp:**____________

Layer Height: ____________   **Shell thickness:**____________

Raft: Y/N ____________   **Supports: Y/N** __________   **Infill %**________

Speed:
Print:____________   **Travel:**______________   **Infill:**____________

Print time:____________   **Filament amount used:**__________ g/Kg

Prep Notes

____

____

____

____

____

____

____

____

____

____

____

Print Report and Creativity Space

Print Prep

Model /file name: ____

Date: _______________

Printer:
Brand: _____________________   Printer: _____________________

Filament:
Brand: _____________   Material: _____________   Colour:___________

Nozzle temp:___________   **Bed temp:**___________

Layer Height: ___________   **Shell thickness:**___________

Raft: Y/N ___________   **Supports: Y/N** _________   **Infill %**________

Speed:
Print:_______________   **Travel:**_______________   **Infill:**___________

Print time:_______________   **Filament amount used:**___________ g/Kg

Prep Notes

____

____

____

____

____

____

____

____

____

____

____

____

Print Report and Creativity Space

About 3djacent Solutions

3djacent is your 3D printing community and services platform where you have access to an exciting array of 3D printing opportunities.

For more information on our products and services please feel free to contact us at:

info@3djacentsolutions.co.uk

www.3djacentsolutions.co.uk

www.ingramcontent.com/pod-product-compliance
Lightning Source LLC
Chambersburg PA
CBHW080207250726
48657CB00008B/2489